内容简介

本实训手册分为药物制剂技术基础实训、常见固体药物制剂制备实训和常见药用菌制剂制备综合实训三个项目。通过项目一药物制剂技术基础实训的学习，使学生学会辨别常见药物剂型，熟练查阅《中华人民共和国药典》，认识药品包装的分类，明确人员进出洁净区标准操作程序，会进行药物制剂技术的基本操作，如称量、干燥、粉碎、过筛、混合等；项目二常见固体药物制剂制备实训选取具有代表性的常用固体药物剂型，如散剂、颗粒剂、胶囊剂、片剂、栓剂、丸剂等，使学生通过实训学会使用常见的衡器、量器及制剂设备，能掌握固体药物制剂的制备及质量评定、质量检查方法；项目三常见药用菌制剂制备综合实训主要借助校内食用菌实训中心，以药用菌灵芝为载体，开展制剂综合实训，旨在加强巩固常用固体药物剂型的制备技术，使学生具有一定的分析问题、解决问题、独力工作的能力，明确药品应用的双重特性，树立学生的工作岗位意识。

本实训手册可供生物制药技术专业等药学类专业的药物制剂技术实训课程使用，也可供相关从业人员参考。

国家级高技能人才培训基地建设项目

药物制剂技术

实训手册

王菊甜 主编

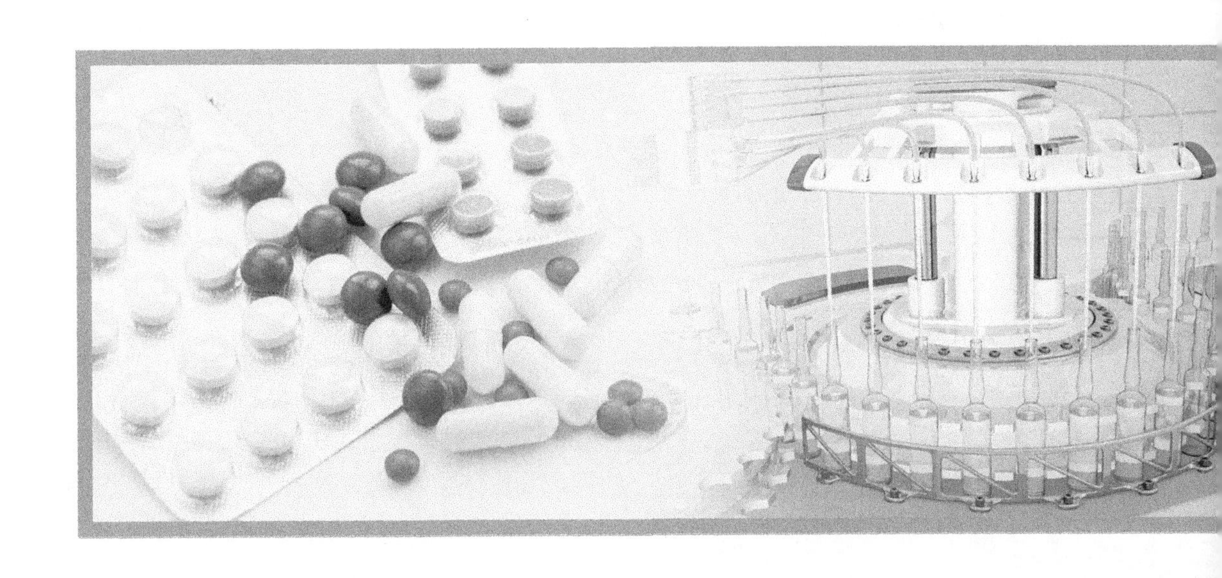

中国农业出版社
北 京

本书编审人员

主　编　王菊甜　宁夏生物工程技工学校（宁夏回族自治区农业学校）

参　编（以姓氏笔画为序）

王秀芬　宁夏职业技术学院

刘晓蕾　宁夏生物工程技工学校（宁夏回族自治区农业学校）

米　良　宁夏生物工程技工学校（宁夏回族自治区农业学校）

吴斌德　银川市伊佰盛生物工程有限公司

罗江涛　宁夏启元药业有限公司

谭珍珍　宁夏生物工程技工学校（宁夏回族自治区农业学校）

审　稿　靳艳仿　尚药局（宁夏）制药有限公司

前言

药物制剂技术是生物制药技术专业的一门专业核心课程，主要介绍在特定控制的生产环境中，按照既定的质量标准和生产规程，采用适宜的制备方法、生产流程和质量管理措施，将药物制成规定剂型和规格的合格产品的技术，是一门综合性和操作性极强的课程。

本手册是基于生物制药技术专业工作过程课程教学改革的成果。本手册积极贯彻“以就业为导向，以能力为本位，以学生为主体”的职业教育宗旨，充分考虑学生的认知特点，注重学生职业技能的培养，积极跟进产业发展，分析企业典型工作任务，将工作过程转化为学习任务，建立了药物剂型、包装等药物制剂的基础工作任务，药物粉碎、过筛等单元工作任务，散剂、颗粒剂等制剂制备的复合工作任务，药用菌制剂制备的企业单元任务和复合任务，实现专业基础能力、专业核心能力、职业基本能力、职业综合能力的层层推进。按照药物制剂专业技术人员的知识、技能、素养等要求，对学生进行全方位、多元化的过程性考核，实现“三全育人”，将职业技能与职业素养有机结合。

本手册编写过程中，得到了学校领导的大力支持，所有编者齐心协力为教材出版付出了大量心血，在此一并表示诚挚的谢意。因编者水平有限，书中存在不足和疏漏之处，敬请同行专家批评指正。

编　者

2022年3月

目录

前言

项目一

药物制剂技术基础实训

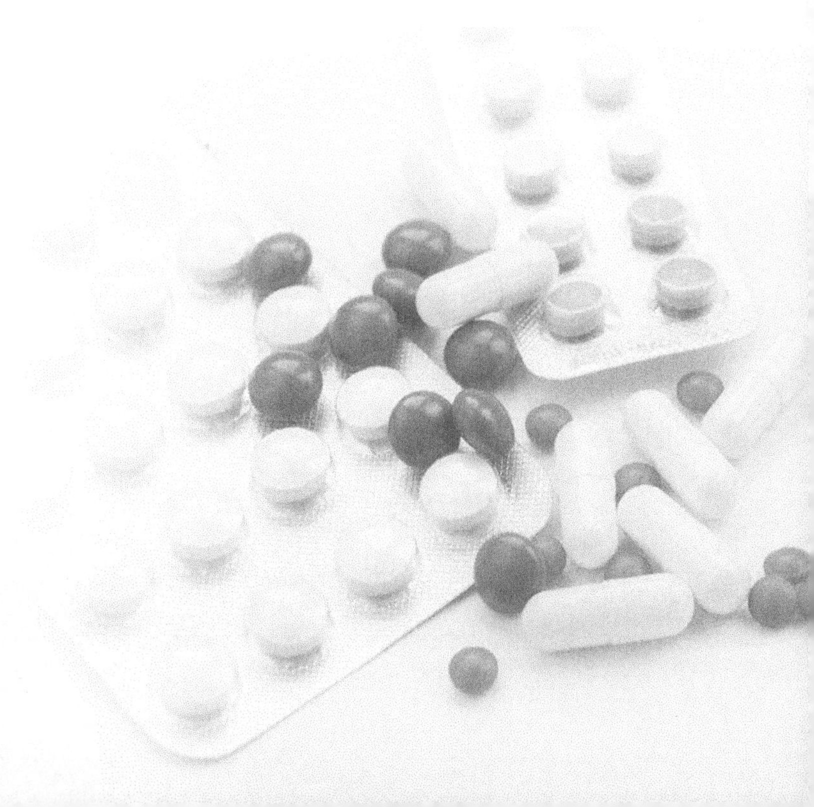

实训一　认识常见药物剂型

实训目的

1. 熟悉常见药品的形态及给药途径。
2. 学生根据给定药品品种，完成学习任务。

实训原理

根据给定的药品，查看其药品包装信息，判断药品的剂型、形态及给药途径，完成实训内容答卷。

实训药品、器材

20个品种的药品，20份实训内容答卷。

实训操作

（1）分组答题，每小组4～5人，完成认识剂型实训内容答卷（表1-1-1）。

（2）发放20个药品实物，请同学们写出药品的剂型、形态、给药途径。

表1-1-1　认识剂型实训内容答卷

序　号	药品名称	剂　型	形　态	给药途径
1				
2				
3				
……				
20				

实训考核

具体剂型实训考核如表1-1-2所示。

表1-1-2　剂型实训考核

项　　目	考核要求	分　　值	得　　分
答卷卷面	字迹清晰，书写整齐，内容完整	10	
答卷内容	准确完整	80	
清　场	器材归位，场地清洁	10	
合　计		100	

实训二　学习查阅《中华人民共和国药典》

实训目的

1. 熟悉实训室的基本要求，熟悉和管理好基本实验仪器。

2. 学会查阅《中华人民共和国药典》（以下简称《中国药典》），熟悉药典各部分的具体内容，完成学习任务。

实训原理

查阅《中国药典》，完成实训内容答卷。

实训器材

《中国药典》，20份实训内容答卷。

实训操作

（1）下发《中国药典》实训内容答卷（表1-2-1），认真阅读。

（2）按照表中各项要求，查阅药典，记录查阅结果并写出所在页数。

表1-2-1　《中国药典》实训内容答卷

序　号	查阅项目	药典页数	查阅结果
1	干燥的含义	部　　页	
2	易溶、略溶的含义	部　　页	
3	阴凉处的含义	部　　页	
4	规格的含义	部　　页	
5	热水的含义	部　　页	
6	遮光的含义	部　　页	
7	人参的质量标准	部　　页	
8	马来酸氯苯那敏片贮藏条件	部　　页	
9	注射用水质量检查项目	部　　页	
10	十滴水的质量标准	部　　页	
11	微生物限度检查法	部　　页	
12	盐酸吗啡类别	部　　页	
13	热原检查法	部　　页	
14	甘草性状	部　　页	

（续）

序号	查阅项目	药典页数	查阅结果
15	灵芝鉴别	部　　页	
16	甘油栓制备方法	部　　页	
17	丸剂重量差异检查方法	部　　页	
18	辅料糊精的性状	部　　页	
19	益母草流浸膏乙醇量	部　　页	
20	植入剂检查项目	部　　页	

实训考核

药品标准实训考核见表1-2-2。

表1-2-2　药品标准实训考核

项目	考核要求	分值	得分
答卷卷面	字迹清晰，书写整齐，内容完整	10	
答卷内容	准确完整	80	
清场	器材归位，场地清洁	10	
合计		100	

实训三　认识药品包装的分类

实训目的

1. 熟悉常见药品包装的分类。
2. 学生根据给定药品的包装，完成学习任务。

实训原理

根据给定的药品包装，判断药品包装的材质、用途、形状以及使用方式，完成学习任务。

实训器材

20 个药品包装，20 份实训内容答卷。

实训操作

（1）分组答题，每小组 4～5 人，完成药品包装实训内容答卷（表 1-3-1）。
（2）发放 20 个药品实物，请同学们写出药品名称、材质、用途和形状、使用方式。

表 1-3-1　药品包装实训内容答卷

序　号	药品名称	材　质	用途和形状	使用方式
1				
2				
3				
……				
20				

实训考核

药品标准实训考核见表 1-3-2。

表 1-3-2　药品标准实训考核

项　目	考核要求	分　值	得　分
答卷卷面	字迹清晰，书写整齐，内容完整	10	
答卷内容	准确完整	80	
清　场	器材归位，场地清洁	10	
合　计		100	

实训四　人员进出洁净区标准操作

实训目的

1. 掌握人员进出洁净区的标准操作程序。
2. 会正确穿戴洁净工作服。
3. 会正确进行工作前的洗手、消毒。

实训原理

依据《人员进出洁净区标准操作规程》，完成进出洁净生产区的标准操作。

实训器材、场地

1. 实训器材　洁净服等。
2. 实训场地　实训基地洁净生产区。

实训操作

实操过程依据《人员进出洁净区标准操作规程》，完成进出洁净生产区的标准操作。人员进出洁净区程序见图 1-4-1。

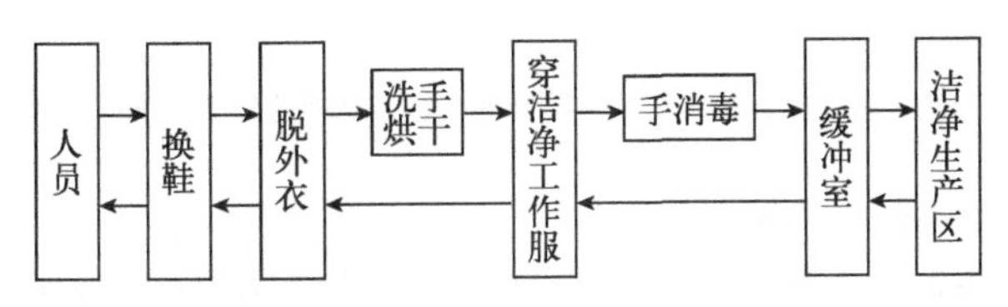

图 1-4-1　人员进出洁净区程序

实训考核

人员进出洁净区考核见表 1-4-1。

表 1-4-1　人员进出洁净区考核

项　目	考核要求	分　值	得　分
换　鞋	摆放位置正确	5	
脱外衣	摆放位置正确	5	
洗手、烘干	手部清洗符合操作要求	10	

（续）

项　目	考核要求	分　值	得　分
穿洁净工作服	洁净服穿戴符合操作要求	50	
手消毒	手部消毒符合操作要求	10	
缓冲室	缓冲风淋符合操作要求	10	
出洁净区	符合操作要求	10	
合　计		100	

人员进出洁净区标准操作规程见表 1-4-2。

表 1-4-2　人员进出洁净区标准操作规程

<table>
<tr><td colspan="4">生效日期：________年________月________日</td></tr>
<tr><td>颁布部门：</td><td colspan="3">分发单位：</td></tr>
<tr><td>编号：</td><td>新订：</td><td>修订：</td><td>代替：</td></tr>
<tr><td>起草：
日期：</td><td>审核：
日期：</td><td colspan="2">批准：
日期：</td></tr>
<tr><td colspan="4">目的：建立人员进入洁净区的标准操作规程。
范围：适用于所有进入洁净区人员的卫生管理。
职责：所有进入洁净区人员对实施本规程负责。
规程：
1. 实训基地洁净区指菌种接种室，进入人员为菌种接种员，其他人员不准入内，如确有需要进入的经质量管理部门经理批准后由相关人员指导进入。
2. 原则。
(1) 私人物品不准带入生产区。
(2) 生活鞋不得踏入鞋柜内侧。
(3) 工作鞋放置在鞋柜内侧，生活鞋、私人物品及首饰等放置在鞋柜的外侧，不得混放。
3. 程序。
(1) 进入生产区后，将携带物品存放在指定位置。
(2) 换鞋。在更鞋处、鞋柜的外侧脱下私人生活鞋，放入鞋柜，坐在换鞋凳上，转身 180°取出本区工作鞋并在鞋柜内侧换上，进入更衣室。
(3) 更衣。进入洁净生产区。
① 更完鞋后进入更衣室，进入一更后，将自己的私人物品如手机、首饰及生活服等取下，放入各自相应编号的衣柜内。
② 用饮用水洗手，然后取洗手液少量，反复搓洗手面、手背及手腕上 5 cm 处，再用饮用水冲洗干净、烘干，进入二更。
③ 坐在二更鞋柜上换上洁净区工作鞋，从相应编号的衣柜内取出干净的相应洁净区工作服，按从上至下顺序（即工作帽、口罩、上衣、裤子）依次穿戴整齐，扣好衣扣，扎紧领口和腕口，关好柜门。
④ 站在整衣镜前，检查穿戴是否整齐，头发不外露，口罩包住口鼻，上衣塞在裤子内，检查完成后进入缓冲间。
⑤ 进到缓冲间，用消毒液消毒手面、手背及手套，烘干后进入洁净区生产车间。
(4) 出洁净生产区。工作结束后，除不用消毒手外，应按进入时相反的顺序更衣、换鞋，并将洁净服放入固定的“待清洗”回收容器内，方可离开生产区。</td></tr>
</table>

实训五　称量操作的练习

实训目的

1. 熟悉电子秤、分析天平的结构、性能，掌握其使用方法及称量操作中的注意事项。

2. 掌握称量方法，会直接称量药品试剂。

3. 掌握各种量器的使用方法。

4. 培养学生认真、严谨的工作态度。

实训原理

根据实训内容答卷，选取合适的称量仪器，称量实训内容答卷中要求量取的药品，计算称量误差，练习精密称量操作。

实训药品、器材

1. 药品　碳酸氢钠、乳糖、甘油、液状石蜡、纯化水、乙醇。

2. 器材　电子秤（图 1-5-1）、分析天平（图 1-5-2）、量筒、烧杯。

图 1-5-1　电子秤

图 1-5-2　分析天平

实训操作

（一）称量操作

选择合适的天平，称量规定量药品，药品称量实训内容答卷见表 1-5-1。

表 1-5-1　药品称量实训内容答卷

药　物	所称质量/g	药物性质	选用天平	相对误差
碳酸氢钠	0.3			
乳　糖	2.5			
甘　油	5			
液状石蜡	10			

【注意事项】

(1) 电子秤、分析天平称量前，先校准调平，清理杂物，再开机预热，待仪器稳定后去皮回零。

(2) 根据所称药物的性质，选择称量纸或适当容器。根据所称药物的质量，选择合适的天平。一般称取 1 g 以下的药物，可选用分析天平。

(3) 称取药物时要求瓶盖不离手，以左手拇指与食指拿瓶盖，中指与无名指夹瓶颈，右手拿药匙。

(4) 当接近称量质量时，应用右手拿药匙，轻轻振动右手手腕，加够药品。

(5) 称量过多的药品不能再放回试剂瓶内，防止污染试剂。

(二) 量取操作

选用合适的量器，量取规定量试剂，药品量取任务单见表 1-5-2。

表 1-5-2　药品量取任务单

药品名称	量取体积/mL	药物性质	选用量器	相对误差
纯化水	25			
乙　醇	8			
甘　油	2			
液状石蜡	5			

【注意事项】

(1) 使用量筒和量杯时，要保持垂直，眼睛与所需刻度成水平，读数以液体凹面为准。小量器一般操作姿势为用左手拇指与食指垂直平稳持量器下半部并以中指垫底部。右手持瓶倒液，瓶签必须向上或向两侧，瓶盖可夹于小指与无名指间，倒出后立即盖好，放回原处。

(2) 药液注入量器，应将瓶口紧靠量器边缘，沿其内壁徐徐注入，以防止药液溅溢量器外。量取黏稠性液体如甘油、糖浆等，不论在注入或倾出时，均须留充足的时间使其按刻度流尽，以保证容量的准确。

(3) 量过的量器，需洗净沥干后再量其他的液体。

(4) 量取用量 1 mL 以下的酒精或溶液，需以滴作单位。量取时可用刻度吸管进行量取。

实训考核

称量操作考核见表1-5-3。

表1-5-3　称量操作考核

项　目	考核要求	分　值	得　分
实训记录	字迹清晰，书写整齐，内容完整	10	
实操过程	称量、量取操作规范	40	
相对误差	误差范围不得超过±10%	40	
清　场	器材归位，场地清洁	10	
合　计		100	

备注：相对误差计算公式如下：
绝对误差＝｜示值－标准值｜（即测量值与真实值之差的绝对值）；
相对误差＝｜示值－标准值｜/真实值（即绝对误差所占真实值的百分比）。

实训六　物料的干燥

实训目的

1. 会使用切片机切制草药类物料。
2. 会使用干燥器干燥草药类物料。
3. 会进行灵芝饮片的性状检查。
4. 掌握固体制剂基本单元操作，有认真、仔细的实验态度。

实训原理

灵芝经净制处理，用切片机切成厚片，干燥后即得灵芝切片。

实训药品、器材

1. 药品　灵芝。

2. 器材　切片机（图 1－6－1）、干燥器（图 1－6－2）。

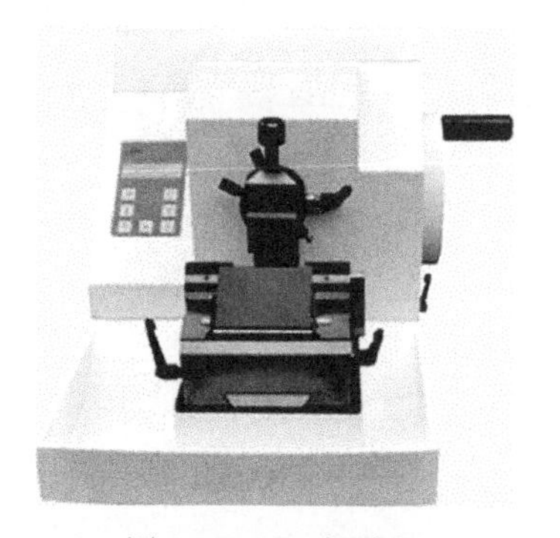

图 1－6－1　切片机

图 1－6－2　干燥器

知识链接

1. 净制　清除混在灵芝中的杂质及霉变品等，剪除附有朽木、泥沙或培养基质的下端菌柄，将灵芝按大小进行分档，以便达到洁净或进一步加工处理。

2. 润药　净制后的灵芝放入洗润池中，喷水堆润 8～12 h，至灵芝彻底润透，折断面无干心。

3. 切制　片厚 2～4 mm，按全自动高速切片机操作规程操作，调好刀距，将灵芝切成宽度 2 cm 的条块，然后将条块的灵芝进行回切，用游标卡尺检测，调整好切制厚度2～4 mm，符合要求后再正式切药（片的规格：极薄片 0.5 mm 以下，薄片 1～2 mm，厚片

2～4 mm）。

4. 干燥 采用热风循环烘箱进行干燥，将灵芝铺于烘箱架子上，摊铺厚度均匀，厚度在 3 cm 以下。打开开关，开启加热开关、风机，在温度（45±2）℃进行干燥，在温度达到设定温度后干燥 6～8 h，干燥完毕，关闭加热开关，继续吹风，待箱内温度下降至 35～40 ℃，关闭风机。

实训操作

（一）灵芝切片

【处方】 1 kg 灵芝。

【制法】 称量 1 kg 灵芝，切菌柄除基部杂质，清洗灵芝，并进行软化处理。用切片机将灵芝切制成厚片。

【注意事项】

（1）灵芝经净选后不得直接接触地面。

（2）灵芝需润透，折断面无干心，灵芝内外软硬适宜。

（3）水处理效果的检查方法：①指掐法，即药材软化至手指能掐入表面为宜。②手捏法，即润至手捏粗的一端感到较为柔软为合格，或手握无咯吱响声或无坚硬感时为宜。

（二）灵芝干燥

【处方】 1 kg 灵芝切片。

【制法】 将切制好的灵芝放入干燥器内，调节好干燥温度、干燥时间，开始干燥。

【注意事项】

（1）干燥温度一般不超过 80 ℃为宜，干燥后的切片放凉后再贮存，否则余热会使切片回潮，易于发生霉变。

（2）干燥后的切片含水量控制在 8%～12%为宜。

实训考核

物料切片、干燥实训考核见表 1－6－1。

表 1－6－1 物料切片、干燥实训考核

项 目	考核要求	分 值	得 分
实操过程	规范、完整、符合要求	40	
切片厚度	厚度均匀、无碎裂	20	
切片感官	皮壳坚硬、黄褐色至红褐色，有光泽，具环状棱纹和辐射状皱纹，菌肉白色至淡棕色	20	
清 场	器材归位，场地清洁	10	
实训报告	字迹清晰，书写整齐，内容完整	10	
合 计		100	

注：切片感官检查方法为取干燥品适量，在日光下观察。

实训七　物料的粉碎与过筛

实训目的

1. 会使用研钵粉碎物料。
2. 会使用粗粉碎机、超微粉碎机粉碎物料。
3. 会使用药筛筛分物料。
4. 会使用自动筛分机筛分物料。
5. 会基本的物料衡算、筛分率计算。
6. 掌握固体制剂基本单元操作，有认真、仔细的实验态度。

实训原理

根据任务具体要求，选择合适的粉碎器械和筛分器械，对物料进行粉碎并按粉末粒度大小进行分等。

实训药品、器材

1. 药品　硼砂、蔗糖、干灵芝。

2. 器材　天平、研钵（图 1-7-1）、药筛（图 1-7-2）、粉碎机（图 1-7-3）、振动筛（图 1-7-4）。

图 1-7-1　研钵

图 1-7-2　药筛

图 1-7-3　粉碎机

图 1-7-4　振动筛

知识链接

1. 粉碎 将大块物料破碎成较小的颗粒或粉末的操作过程。

2. 粉末等级

（1）最粗粉：能全部通过一号筛，但混有能通过三号筛不超过 20%的粉末。

（2）粗粉：能全部通过二号筛，但混有能通过四号筛不超过 40%的粉末。

（3）中粉：能全部通过四号筛，但混有能通过五号筛不超过 40%的粉末。

（4）细粉：能全部通过五号筛，并含有能通过六号筛不少于 95%的粉末。

（5）最细粉：能全部通过六号筛，并含有能通过七号筛不少于 95%的粉末。

（6）极细粉：能全部通过八号筛，并含有能通过九号筛不少于 95%的粉末。

3. 过筛 指借助网孔工具将粗细物料进行分离的操作过程。

4. 《中国药典》标准筛号与工业筛目数的对应关系 见表 1-7-1。

表 1-7-1 《中国药典》标准筛号与工业筛目数的对应关系

筛　　号	筛孔内径（平均值）/μm	工业筛目数/(孔/英寸*)
一号筛	2 000±70	10
二号筛	850±29	24
三号筛	355±13	50
四号筛	250±9	65
五号筛	180±7	80
六号筛	150±66	100
七号筛	125±6	120
八号筛	90±5	150
九号筛	75±4	200

实训操作

（一）研磨 10 g 硼砂

【处方】 10 g 硼砂。

【制法】 用研钵粉碎硼砂 10 g，过 80 目筛。

（二）20 g 蔗糖研磨成细粉

【处方】 20 g 蔗糖，制成细粉。

【制法】 称量 20 g 蔗糖，用研钵进行研磨，研磨后的蔗糖粉分别过五号药筛、六号药筛，至合格。

（三）1 kg 干灵芝片粉碎成细粉

【处方】 1 kg 干灵芝片，制成细粉。

---

* 英寸为非法定计量单位，1 英寸＝2.54 cm。

【制法】 称量1 kg干灵芝片，经膨化后用粗粉碎机粉碎，再用超微粉碎机粉碎，粉碎后的灵芝粉过筛分级，至合格。

【注意事项】

(1) 粉碎过程中，防止物料过量损耗。

(2) 药物粉末过筛时，要注意手摇筛的运动方式和速度、药物的干燥程度、药粉厚度等，保证有效的过筛效率。

(3) 根据物料粉碎后的粉末等级，选用适宜的药筛筛分物料。

(4) 药物筛分时，尽量避免飞粉过量损耗物料。

(5) 药物筛分时，避免用手或其他物品挤压筛面，污染物料。

实训考核

物料粉碎考核见表1-7-2。

表1-7-2 物料粉碎考核

项　目	考核要求	分　值	得　分
实操过程	规范、完整、符合要求	40	
粒　度	符合要求	20	
物料损耗	低于10%	20	
清　场	器材归位，场地清洁	10	
实训报告	字迹清晰，书写整齐，内容完整	10	
合计		100	

实训八　物料的混合

实训目的

1. 会使用研钵、药筛混合物料。
2. 会使用混合机混合物料。
3. 会基本的物料衡算，混合率计算。
4. 掌握固体制剂基本单元操作，有认真、仔细的实验态度。

实训原理

利用等量递增的混合方法混合处方中的物料，并达到混合均匀度的要求。

实训药品、器材

1. 药品　蔗糖粉、胭脂红。
2. 器材　研钵、药筛。

知识链接

1. 混合　两种或两种以上物料均匀化的操作称为混合。

2. 混合基本原则　总的原则为不同药物粉末混合均匀一致。但是，对于不同剂量、不同质地、不同色泽药物的混合还应遵循如下原则。

(1) 等量递增法。对于剂量相差悬殊的配方，可将组分中剂量小的粉末与等量的量大的药物粉末一同置于适当的混合器械内，混合均匀后再加入与混合物等量的量大组分同法混匀，如此反复，直至组分药物粉末混合均匀。等量递增法又称为“配研法”。等量递增法通常用量大组分先饱和容器，以减小容器的吸附作用，避免量小的组分损失。

(2) 打底套色法。对于不同组分、色泽或质地相差悬殊的配方，可将量少、色深或质轻的粉末放置于混合容器中作为底料，再将量多、色浅或质重的药物粉末分次加入，采用“等量递增法”混合均匀（套色）。混合时通常先用量大组分饱和混合器械，以减少量少药物组分在混合器械中被吸附造成相对较大的损失。

(3) 组分密度。组分密度差异大时，密度小者应先加入容器中，密度大者后加入。

(4) 组分的吸附性。药粉易吸附在混合容器表面时，应先将量大且不易吸附的药粉或辅料垫底。

实训操作

【处方】20 g 蔗糖粉，0.1 g 胭脂红。

【制法】称量 20 g 蔗糖粉，再用等量递增法与 0.1 g 胭脂红混合，制成胭脂红蔗糖。

【注意事项】药物粉末相差悬殊时，选用等量递增法进行混合。

实训考核

物料混合考核见表 1-8-1。

表 1-8-1　物料混合考核

项　目	考核要求	分　值	得　分
实操过程	规范、完整，符合要求	40	
粒　度	符合要求	20	
外观均匀度	色泽均匀，无花纹，无色斑	20	
清　场	器材归位，场地清洁	10	
实训报告	字迹清晰，书写整齐，内容完整	10	
合　计		100	

注：外观均匀度检查应取适量试品，置于光滑纸上，平铺 5 cm^2，将其表面压平，在明亮处观察。

项目二

常见固体药物制剂制备实训

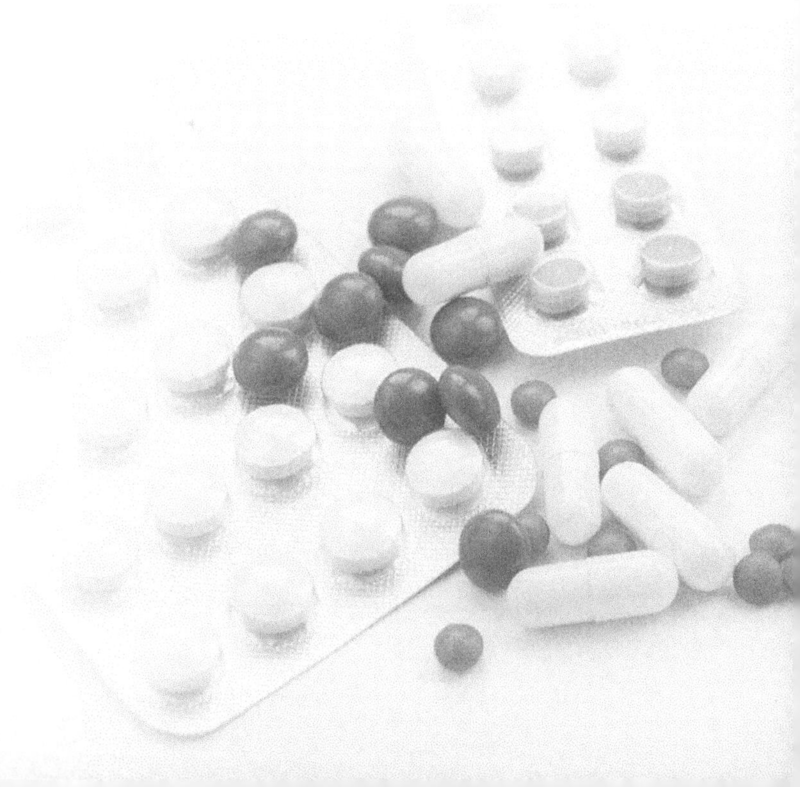

实训一　硫酸阿托品散的制备及质量检查

实训目的

1. 能制备散剂，会进行质量检查。
2. 掌握倍散的制备方法和等量递增法的操作。

实训原理

1. 制备工艺流程

物料准备→粉碎→过筛→混合→分剂量→质检→包装

2. 制备要点

（1）物料准备。称微量药物应选用1%感量的分析天平。由于主药属于毒性药品，剂量要求严格，故需用重量法分剂量。用玻璃纸称取。

（2）粉碎。用玻璃研钵研磨，先用少许赋形剂饱和研钵表面自由能，再将赋形剂与主药按等量递增稀释法研磨均匀。

（3）过筛。选用合适的药筛进行粉末过筛，未能过筛的物料继续粉碎。

（4）混合。混合是制备散剂的关键步骤。若药物比例相差悬殊，应采用等量递增法混合；若各组分的密度相差悬殊，应将密度小的组分先加入研磨器内，再加入密度大的组分进行混合；若组分的色泽相差悬殊，一般先将色深的组分放入研磨器中，再加入色浅的组分进行混合（研钵使用后，应充分洗净，以免残留污染其他药品。）

（5）分剂量。含有毒剧药物、贵重药物的散剂，要用重量法进行分剂量，即用衡器（如电子天平）逐份称重。

（6）质检。根据《中国药典》规定进行，用放大镜检查，要求色泽均匀。

（7）包装。分剂量包五角包、四角包、长方包等包装。

实训药品、器材

1. 药品　硫酸阿托品、乳糖、胭脂红。

2. 器材　研钵、分析天平、六号筛（100目）、包药纸等。

知识链接

1. 散剂　散剂是指药物（或药物与适宜辅料）经粉碎、均匀混合而制成的干燥粉末状制剂，供内服或局部用。内服散剂一般溶于或分散于水或其他液体中服用，亦可直接用水送服。局部用散剂可供皮肤、口腔、咽喉、腔道等处应用；专供治疗、预防和润滑皮肤为目的的散剂亦可称撒布剂或撒粉。

2. 辅料 稀释剂与吸收剂统称为填充剂。稀释剂（如淀粉、糊精、糖粉、乳糖等）用来增加片剂的重量或体积，以利于片剂成型或分剂量。着色剂也是一种辅料，它可使片剂美观且易于识别，一般为药用或食用色素，如苋莱红、柠檬黄、胭脂红等，用量一般不超过0.05%。

实训操作

【处方】 硫酸阿托品0.1 g，胭脂红乳糖（1%）适量，乳糖适量，共制成100 g。

【制法】 先研磨乳糖使研钵内壁饱和后倾出，将硫酸阿托品与等容积的胭脂红乳糖置于乳钵中研磨混合均匀，再按等量递增法逐渐加入所需量的乳糖，充分研磨混合制成10倍散；继续按等量递增法逐渐加入所需量的乳糖，充分研磨混合制成100倍散；继续按等量递增法逐渐加入所需量的乳糖，充分研合制成色泽均匀的千倍散。用重量法进行分装，每包0.5 g，相当于硫酸阿托品0.5 mg。

【注意事项】

（1）硫酸阿托品剂量小，为了便于称取、服用、分装等，需添加适量稀释剂制成倍散。为了保证混合的均匀性，可加胭脂红染色。

（2）为防止研钵对药物的吸附，研磨时要先在研钵中加入少量乳糖研磨使之饱和研钵表面自由能。

（3）处方中的胭脂红乳糖作为着色剂。1%胭脂红乳糖的配制方法：取胭脂红1 g置研钵中，加90%乙醇15 mL研磨使其溶解，加少量乳糖吸收并研匀，再按等量递增法研磨至全部乳糖加完并颜色均匀为止，在60 ℃干燥，过六号筛，即得1%胭脂红乳糖。

【质量检查】

1. 外观均匀度 取适量散剂置于光滑纸上，平铺约5 cm^2，将其压平，在明亮处观察，应呈现均匀的色泽，无花纹、色斑。

2. 粒度 取供试品10 g，过100目药筛，过筛粉量不得少于总量的95%。

3. 装量差异 单剂量包装散剂装量差异限度见表2-1-1规定。

检查法：取供试品10包（瓶），除去包装，分别精密称定每包（瓶）内容物的重量，按表2-1-1中的规定，每包（瓶）与标示量相比应符合规定，超出装量差异限度的散剂不得多于2包（瓶），并不得有1包（瓶）超过装量差异限度的1倍。

表2-1-1 单剂量包装散剂装量差异限度

标示装量	装量差异限度/%
0.1 g或0.1 g以下	±15
0.1 g以上至0.5 g	±10
0.5 g以上至1.5 g	±8
1.5 g以上至6.0 g	±7
6.0 g以上	±5

4. 质量检查样表 外观、粒度检查见表 2-1-2，装量差异检查见表 2-1-3。

表 2-1-2 外观、粒度检查

品名：	规格：	批号：
检查项目	外观均匀度	粒度
检查结果		

表 2-1-3 装量差异检查

品名：	规格：			批号：						
标量________	装量差异限度________%			合格范围________			不得有 1 包超过________			
散剂编号	1	2	3	4	5	6	7	8	9	10
每包重										
是否合格										

实训考核

散剂制备实训考核如表 2-1-4 所示。

表 2-1-4 散剂制备实训考核

项　目	考核要求	分　值	得　分
实操过程	规范、完整、符合要求	40	
外观均匀度、粒度	符合要求	15	
装量差异	符合要求	15	
清　场	器材归位，场地清洁	10	
实训结论	结果准确、完整	10	
实训报告	字迹清晰，书写整齐，内容完整	10	
合　计		100	

实训二　维生素C颗粒剂的制备及质量检查

实训目的

1. 掌握维生素C颗粒剂的制备方法。
2. 掌握颗粒剂的质量评价方法。

实训原理

1. 制备工艺流程

物料准备→混合→制软材→制粒→干燥→整粒→分剂量→包装

2. 制备要点

（1）物料准备。按处方称量药品并过筛。

（2）混合。将过筛后的物料按等量递增法进行混合。

（3）制软材。软材是指将按处方称量好的原辅料细粉混匀，加入适量的润湿剂或黏合剂混匀后形成的干湿适度的塑性物料。在挤压制粒过程中，制软材是关键步骤，黏合剂用量过多时软材被挤压成条状，并重新黏合在一起；黏合剂用量过少时不能制成完整的颗粒而成粉状。软材质量往往靠熟练技术人员的经验来控制，即以“轻握成团，轻压即散”为准。软材的质量要通过调节辅料的用量、过筛条件，以及合理搅拌来控制。

（4）制粒。挤压过筛制粒是将软材用手工或机械强制挤压方式通过一定大小孔径（10～20目）的筛网制成湿颗粒。挤压过筛制粒法是传统的制粒方法。制得的湿颗粒的质量检查多凭经验，一般湿粒置于手掌上颠动，应有沉重感，细粉少，颗粒大小均匀，无长条状。挤压制粒设备有摇摆式颗粒机。

（5）干燥。湿颗粒立即在60～80℃常压干燥。

（6）整粒。在干燥过程中，有些湿颗粒可能发生粘连，甚至结块，需过筛整粒。整粒的目的是使粘连或结块的颗粒分散开，以得到大小均匀的颗粒。可将干颗粒分别过10目筛和80目筛进行人工整粒，机械设备一般用摇摆式颗粒机。

（7）分剂量。用固定容量的容器将物料进行分剂量。

（8）包装。颗粒剂易吸潮变质，为保证颗粒剂质量，应选择适宜的包装材料进行包装。

实训药品、器材

1. 药品　维生素C、糊精、糖粉、枸橼酸、50%乙醇等。

2. 器材　研钵、天平、六号筛（100目）、尼龙筛（16目）、干燥箱、塑料袋等。

知识链接

1. 颗粒剂 颗粒剂是指药物或药材提取物与适宜的辅料或药材细粉制成的干燥颗粒状制剂。

2. 辅料 润湿剂与黏合剂具有使固体粉末黏结成型的作用。润湿剂本身没有黏性，但能润湿物料并诱发其自身黏性。黏合剂本身具有黏性，能使物料黏结成颗粒。黏合剂可以用其溶液，也可以用其细粉，当以细粉状态发挥黏合作用时，称为干燥黏合剂。润湿剂如水、乙醇；黏合剂如淀粉浆、糊精、糖粉等。

实训操作

【处方】维生素 C 10 g，糊精 100 g，糖粉 90 g，枸橼酸 1 g，50%乙醇适量，共制100包。

【制法】将维生素 C、糊精、糖粉分别过 100 目筛，按等量递增法将维生素 C 与辅料混匀，再将枸橼酸溶于 50%乙醇中，一次加入上述混合物中，混匀，制软材，过 16 目尼龙筛制粒，60 ℃以下干燥。

【注意事项】维生素 C 用量较小，故混合时采用等量递增法，以保证混合均匀；维生素 C 易氧化分解变色，制粒时间应尽量缩短，并利用稀乙醇作润湿剂制粒，在较低温度下干燥，并应避免与金属器皿接触；加入枸橼酸作为金属离子螯合剂。

【质量检查】

1. 粒度 取维生素 C 颗粒剂 5 包，不能通过一号筛和能通过五号筛的总和不得超过总量的 15%。

2. 溶化性 取维生素 C 颗粒剂 10 g，加热水 200 mL，搅拌 5 min，立即观察，可溶性颗粒应全部溶化或轻微浑浊。

3. 装量差异 单剂量包装的颗粒剂按下述方法检查，应符合规定。

检查法：取供试品 10 袋（瓶），除去包装，分别精密称定每袋（瓶）内容物的重量，求出每袋（瓶）内容物的装量与平均装量。按表 2-2-1 中的规定，每袋（瓶）装量与平均装量相比较［凡无含量测定的颗粒剂或有标示装量的颗粒剂，每袋（瓶）装量应与标示装量比较］，超出装量差异限度的颗粒剂不得多于 2 袋（瓶），并不得有 1 袋（瓶）超出装量差异限度 1 倍。

表 2-2-1 单剂量包装颗粒剂装量差异限度

标示装量	装量差异限度/%
1.0 g 或 1.0 g 以下	±10
1.0 g 以上至 1.5 g	±8
1.5 g 以上至 6.0 g	±7
6.0 g 以上	±5

4. 质量检查样表 粒度及溶化性检查见表2-2-2，装量差异检查见表2-2-3。

表2-2-2 粒度及溶化性检查

品名：	规格：	批号：
检查项目	粒度	溶化性
检查结果		

表2-2-3 装量差异检查

品名：			规格：			批号：			
标量______	装量差异限度______%			合格范围______			不得有1袋（瓶）超过______			
颗粒剂编号	1	2	3	4	5	6	7	8	9	10
每袋（瓶）重										
是否合格										

实训考核

颗粒剂制备实训考核如表2-2-4所示。

表2-2-4 颗粒剂制备实训考核

项　目	考核要求	分　值	得　分
实操过程	规范、完整，符合要求	40	
粒度、溶化性	符合要求	15	
装量差异	符合要求	15	
清　场	器材归位，场地清洁	10	
实训结论	结果准确、完整	10	
实训报告	字迹清晰，书写整齐，内容完整	10	
合　计		100	

实训三　胶囊剂的制备及质量检查

实训目的

1. 掌握胶囊剂的制备过程及小量填充胶囊剂的方法。
2. 掌握胶囊剂的装量差异检查操作。

实训原理

1. 制备工艺流程

填充物料的准备→药物的填充→胶囊封口、抛光→包装

2. 制备要点

(1) 填充物料的准备。药物粉碎至适当粒度能满足胶囊剂的填充要求，则可以直接填充。药物不能满足直接填充要求时，需在药物中添加适量的辅料制成混合物料或辅料与药物一起制粒、制片或制丸后再进行填充。

(2) 药物的填充。一般小量制备时，可用手工填充药物或使用胶囊填充板进行填充。

(3) 胶囊封口、抛光。平口式胶囊用明胶液封口后，必要时可清洁处理，在胶囊打光机里喷洒适量液状石蜡，滚搓后使胶囊光亮。

(4) 包装。胶囊剂的包装通常采用玻璃瓶、塑料瓶、泡罩式和窄条式包装。

实训药品、器材

1. 药品　淀粉、0 号空胶囊。

2. 器材　天平、胶囊填充板（图 2-3-1）。

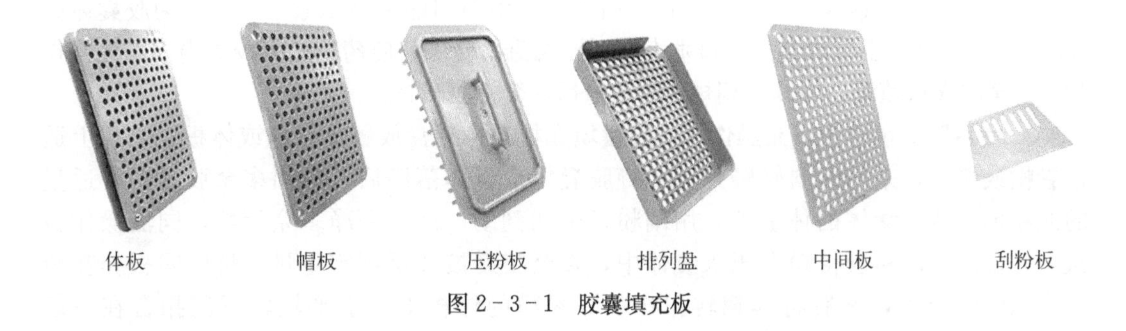

图 2-3-1　胶囊填充板

知识链接

1. 空胶囊的规格与选择　空胶囊有 8 种规格。由于药物填充多用容积控制，而各种

药物的密度、晶型、细度以及剂量不同，所占的体积也不同，故必须选用适宜大小的空胶囊。一般凭经验或试装来决定。

2. 常用辅料 包括稀释剂、助流剂、崩解剂等。稀释剂有淀粉、微晶纤维素、蔗糖、乳糖、氧化镁等；助流剂有硬脂酸镁、硬脂酸、滑石粉等。选用辅料的原则是不与药物和空心胶囊发生物理、化学反应；与药物混合后，所得物料应有适当的流动性，能顺利地装入空心胶囊，同时要有一定的分散性，遇水后不会黏结成团而影响药物的溶出。

3. 辅料的选择方法

（1）药物为粉末。当主药剂量小于所选用胶囊充填量的一半时，常加入稀释剂如淀粉类等；当主药为粉末或针状结晶、吸湿性药物时，流动性差，给填充操作带来困难，常加入润滑剂如微粉硅胶或滑石粉等，以改善其流动性。

（2）药物为颗粒。许多胶囊剂是将药物制成颗粒、小丸后装填入胶囊壳的，在制备时需加入适宜的黏合剂、润湿剂及崩解剂。

4. 装量控制 一般采用试装，掌握装量差异程度，使其接近《中国药典》规定的范围。

5. 封口方法 空心胶囊囊体和囊帽套合方式有锁口式和平口式两种。若采用锁口式空心胶囊，因药物填充后，囊体、囊帽套上即咬合锁口，药物不易泄漏，空气也不易在缝间流通，故不需封口；若采用平口式胶囊，为了防止囊体囊帽套合处泄漏，需要封口处理。封口的材料常用制备空心胶囊时相同浓度的胶液（如明胶20%、水40%、乙醇40%），保持胶液50℃，旋转时带上定量胶液，于囊帽、囊体套合处封上一条胶液，烘干，即得。

实训操作

【处方】淀粉适量，共制100粒。

【制法】

1. 手工填充法操作 将淀粉末置于白纸上，用药勺铺平并压紧，厚度约为胶囊体高度的1/4或1/3；手持胶囊体，口垂直向下插入药物粉末，使药粉压入胶囊内，同法操作数次，至胶囊被填满，使其达到规定的重量后，套上胶囊帽。

2. 使用胶囊填充板填充操作 将胶囊填充板的排列盘放置于帽板或体板上，放上适量囊帽或囊体，来回倾斜轻轻筛动，待胶囊帽或囊体落满后，倾出多余胶囊；将适量的淀粉倒在装满囊体的体板上，用刮粉板来回刮动，然后刮净多余淀粉，同法操作数次，并多次用压粉板将粉末压入囊体中，直至胶囊被装至规定重量；将中间板扣在装满囊帽的帽板上，然后将其翻转扣在装好药粉的体板上，水平轻轻下压扣合在一起即可。

【注意事项】填充过程中，所使压力应均匀，确保每粒胶囊的装量准确；利用压粉板压粉时，力度不能过大，否则会导致囊体破裂；胶囊填充完毕，为使填充好的胶囊外观光亮，可喷少许液状石蜡轻轻滚搓，并擦去外表面黏附的药粉。

【质量检查】

1. 外观 胶囊剂应整洁，无黏结、变形或破裂现象，并应无异味。

2. 装量差异 取胶囊剂 20 粒，分别精密称定重量，倾出内容物，胶囊囊壳用小刷或其他适宜的用具拭净，再分别精密称定囊壳重量，求出每粒内容物的装量与平均装量。按照表 2-3-1 中所示，每粒装量与平均装量相比较，超出装量差异限度的不得多于 2 粒，并不得有 1 粒超出限度的 1 倍。

表 2-3-1 胶囊剂装量差异限度

平均装量	装量差异限度/%
0.3 g 以下	±10
0.3 g 及 0.3 g 以上	±7.5（中药±10）

3. 质量检查样表 外观检查见表 2-3-2，装量差异限度检查见表 2-3-3。

表 2-3-2 外观检查

<table>
<tr><td colspan="2">品名：　　　　　　规格：　　　　　　批号：</td></tr>
<tr><td>检查项目</td><td>外观均匀度</td></tr>
<tr><td>检查结果</td><td></td></tr>
</table>

表 2-3-3 装量差异限度检查

<table>
<tr><td colspan="11">品名：　　　　　　规格：　　　　　　批号：</td></tr>
<tr><td>标量________</td><td colspan="3">装量差异限度________%</td><td colspan="3">合格范围________</td><td colspan="4">不得有 1 粒超过________</td></tr>
<tr><td>胶囊剂编号</td><td>1</td><td>2</td><td>3</td><td>4</td><td>5</td><td>6</td><td>7</td><td>8</td><td>9</td><td>10</td></tr>
<tr><td>囊　重</td><td></td><td></td><td></td><td></td><td></td><td></td><td></td><td></td><td></td><td></td></tr>
<tr><td>是否合格</td><td></td><td></td><td></td><td></td><td></td><td></td><td></td><td></td><td></td><td></td></tr>
<tr><td>胶囊剂编号</td><td>11</td><td>12</td><td>13</td><td>14</td><td>15</td><td>16</td><td>17</td><td>18</td><td>19</td><td>20</td></tr>
<tr><td>囊　重</td><td></td><td></td><td></td><td></td><td></td><td></td><td></td><td></td><td></td><td></td></tr>
<tr><td>是否合格</td><td></td><td></td><td></td><td></td><td></td><td></td><td></td><td></td><td></td><td></td></tr>
</table>

实训考核

胶囊剂制备实训考核如表 2-3-4 所示。

表 2-3-4 胶囊剂制备实训考核

项　目	考核要求	分　值	得　分
实操过程	规范、完整，符合要求	40	
外　观	符合要求	15	

（续）

项　目	考核要求	分　值	得　分
装量差异	符合要求	15	
清　场	器材归位，场地清洁	10	
实训结论	结果准确、完整	10	
实训报告	字迹清晰，书写整齐，内容完整	10	
合　计		100	

实训四　单冲压片机的装卸和使用

实训目的

1. 了解压片机的基本结构。
2. 初步学会压片机的装卸和使用。

实训原理

压片机主要由动力部件、压缩部件、填料部件、调节装置等组成。其压片原理是将颗粒填充到模圈中，靠上下压轮对冲头挤压而使片剂成型。单冲压片机与多冲旋转式压片机的压片过程就是填料、压片、出片循环压制的过程。

实训仪器

单冲压片机（图 2-4-1）。

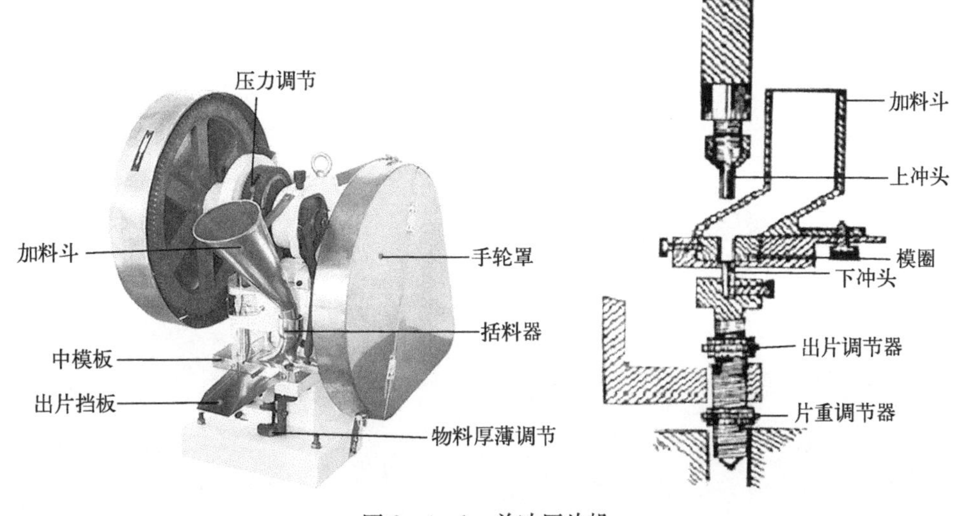

图 2-4-1　单冲压片机

实训操作

装卸单冲压片机，使用单冲压片机进行压片，并调试压片机至正常运转。

【注意事项】

（1）装好各部件后，在摇动飞轮时，上、下冲头应无阻碍地进出冲模，且无特殊噪声。

（2）调节出片调节器时，使下冲头上升到最高位置与冲模平齐，用手指抚摸时应略有凹陷的感觉。

（3）在装平台时，固定螺丝不要旋紧，待上、下冲头装好，并在同一垂直线上，而且在模孔中能自由升降时，再旋紧平台固定螺丝。

（4）装上冲头时，在冲模上要放一块硬纸板，以防止上冲头突然落下时碰坏上冲头和冲模。

（5）装上、下冲头时，一定要把上、下冲头插到冲芯底，并将螺丝旋紧，以免开动机器时，上、下冲杆不能上升、下降而出现迭片、松片并碰坏冲头等现象。

实训考核

压片机实训考核如表 2-4-1 所示。

表 2-4-1 压片机实训考核

项　目	考核要求	分　值	得　分
职业素养	着装规范，爱护仪器设备	15	
实操过程	规范、完整，符合要求	70	
清　场	器材归位，场地清洁	15	
合　计		100	

实训五　片剂的制备及质量检查

实训目的

1. 掌握湿法制粒压片的一般工艺过程。
2. 会调试单冲压片机，能正确使用单冲压片机。
3. 会分析片剂处方的组成和各种辅料在压片过程中的作用。
4. 熟悉片剂重量差异、崩解时限以及硬度、脆碎度的检查方法。

实训原理

1. 制备工艺

物料准备 $\xrightarrow{\text{润湿剂、黏合剂、崩解剂}}$ 制软材→制湿颗粒→湿粒干燥→整粒 $\xrightarrow{\text{润滑剂、崩解剂}}$ 混合→压片→包衣→包装

2. 制备要点

（1）物料准备。主药和辅料在投料前需要进行质量检查、鉴别和含量测定，合格的物料经过干燥、粉碎、过筛，然后按照处方规定量称取投料。

（2）制软材。将原辅料细粉混匀，加入适量的润湿剂或黏合剂混匀后形成干湿适度的塑性物料。

（3）制湿颗粒。制湿颗粒是指物料加入润湿剂或黏合剂进行制粒的方法，是目前医药企业应用最广泛的方法。实验室常用的方法是挤出制粒。

（4）湿粒干燥。挤出制粒制成的湿颗粒需要及时干燥。

（5）整粒。在干燥过程中，有些湿颗粒可能发生粘连甚至结块，需过筛整粒。

（6）混合。在整粒后的干颗粒中加入润滑剂与崩解剂，便于压片。

（7）压片。测定主药含量，计算片重，然后压片。

（8）包衣。包衣是在片剂表面包裹上适宜材料"衣层"的操作。被包衣的压制片称为"片芯"，包衣的材料称为"衣料"，包衣后的片剂称为"包衣片"。最常用的是包糖衣，是指以糖浆为主要包衣材料制成包衣片。

（9）包装。通常采用玻璃瓶、塑料瓶、泡罩式包装。

实训药品、器材

1. 药品　淀粉、糊精、糖粉、50%乙醇、硬脂酸镁。

2. 器材　压片机（图 2-5-1）、尼龙筛、烘箱、片剂脆碎度检查仪（图 2-5-2）。

图 2-5-1　压片机

图 2-5-2　片剂脆碎度检查仪

知识链接

1. 片剂　片剂是指药物与适宜的辅料均匀混合，通过制剂技术压制而成片状的固体制剂。片剂由药物和辅料两部分组成。

2. 辅料　辅料是片剂中除主药外一切物质的总称，亦称赋形剂，为非治疗性物质。加入辅料的目的是使药物在制备过程中具有良好的流动性和可压性；有一定的黏结性；遇体液能迅速崩解、溶解、吸收而产生疗效。辅料应为“惰性物质”，性质稳定，不与主药发生反应，无生理活性，不影响主药的含量测定，对药物的溶出和吸收无不良影响。但是，实际上完全惰性的辅料很少，辅料对片剂的性质甚至药效有时可产生很大的影响，因此，要重视辅料的选择。

（1）片剂中常用的辅料包括填充剂、润湿剂、黏合剂、崩解剂及润滑剂等。崩解剂是指促使药片在胃肠道中吸水膨胀而迅速碎裂成细小颗粒或粉末的辅料。崩解剂的作用是消除或瓦解因黏合剂或制片时因高压而产生的结合力，以利于片剂中药物的溶出。因此，为使片剂迅速发挥药效，除了缓（控）释片、口含片、咀嚼片、舌下片、植入片等有特殊要求的片剂外，一般均需加入崩解剂，如干燥淀粉等。润滑剂（如硬脂酸镁、滑石粉等）是指为了改善压片物料的流动性而加入的辅料。润滑剂的作用有助流、抗黏附和润滑。

（2）本实训中糖粉和糊精为干燥黏合剂，淀粉为稀释剂和崩解剂，乙醇为润湿剂，硬脂酸镁为润滑剂。

（3）因季节、地区不同，所加乙醇量应相应变化，也就是温度高时可稍增加一些，温度低时则可稍减一些。

3. 片剂的制备　通常片剂的制备包括制粒压片法和直接压片法两种，前者根据制颗粒方法不同，又可分为湿法制粒压片和干法制粒压片，其中湿法制粒压片较为常用。湿法制粒压片适用于对湿热稳定的药物。

4. 干燥条件　湿颗粒制成后，应立即干燥，以免受压变形或结块，干燥温度根据药物性质而定。一般以 50～60 ℃为宜，对湿热稳定的药物可适当放宽为 70～80 ℃，甚至更高。干燥时温度应逐渐升高，以免颗粒表面形成硬壳而影响内部水分的蒸发，造成颗粒外干内湿。为了使颗粒受热均匀，颗粒厚度不宜超过 2.5 cm，并在湿颗粒基本干燥时翻动。

5. 总混

（1）加入润滑剂与崩解剂。一般将润滑剂过 100 目以上筛，外加崩解剂预先干燥过筛，然后加到整粒后的干颗粒中，置混合筒内进行“总混”。

（2）加入挥发油及挥发性药物。处方中含挥发油或挥发性药物，一般均在颗粒干燥后加入，以免挥发损失。

（3）加入剂量小或对湿热不稳定的药物。有些情况下，先制成不含药物的空白干颗粒或将稳定的药物与辅料制颗粒，然后将剂量小或对湿热不稳定的主药加到整粒后的上述干颗粒中总混。

6. 片重计算

$$片重=\frac{干颗粒重+压片前加入的赋形剂重}{应压片总片数}$$

7. 片剂脆碎度检查仪测脆碎度方法 取出脆碎盒并放入药片，选择开关拨至脆碎位置，进行脆碎测试。测完拨回空挡，关闭电源开关。

8. 脆碎度计算

$$脆碎度=\frac{细粉和碎粒的重量}{原药片总重}\times100\%=\frac{原药片总重-测试后药片重}{原药片总重}\times100\%$$

实训操作

【处方】 淀粉 60 g、糖粉 30 g、糊精 10 g、50%乙醇适量、硬脂酸镁 1 g，共制 100 片。

【制法】 按处方称取淀粉、糖粉、糊精（均能通过 80 目筛），混合均匀，在搅拌条件下喷入 50%乙醇制软材，软材以“手握成团，轻压即散”为度，将制好的软材用 14 目筛挤压过筛制粒，湿颗粒放入烘箱内于 60 ℃干燥，干颗粒水分含量控制在 3%以下，干颗粒过 18 目筛整粒，再与硬脂酸镁混匀，选用 ϕ8 mm 冲模压片，片重定为 200 mg。

【注意事项】 避免压片时出现裂片、黏冲现象。

【质量检查】

1. 外观性状 表面完整光洁，色泽均匀，有适宜的硬度和耐磨性，无杂色斑点和异物，并在规定的有效期内保持不变。

2. 脆碎度 脆碎度是指片剂经过振荡、碰撞而引起的破碎程度。脆碎度测定是《中国药典》规定的检查非包衣片的脆碎情况及其物理强度的项目。测定片剂脆碎度的仪器是片剂脆碎度检查仪。一般要求 1 h 的脆碎度不得超过 0.8%。

3. 重量差异 取 20 片药片，精密称定总重量，求得平均片重，再分别精密称定各片重量，按照表 2-5-1 中所示与平均片重相比较，超过重量差异限度的药片不得多于 2 片，并不得有 1 片超出 1 倍。

表 2-5-1　片剂重量差异限度

平均重量	重量差异限度/%
0.3g以下	±7.5
0.3g及0.3g以上	±5.0

4. 质量检查样表　外观、脆碎度检查见表 2-5-2，重量差异检查见表 2-5-3。

表 2-5-2　外观、脆碎度检查

品名：	规格：	批号：
检查项目	外观性状	脆碎度
检查结果		

表 2-5-3　重量差异检查

品名：	规格：				批号：					
标量______	重量差异限度______%			合格范围______			不得有1片超过______			
片剂编号	1	2	3	4	5	6	7	8	9	10
片重										
是否合格										
片剂编号	11	12	13	14	15	16	17	18	19	20
片重										
是否合格										

实训考核

片剂制备实训考核如表 2-5-4 所示。

表 2-5-4　片剂制备实训考核

项　目	考核要求	分　值	得　分
实操过程	规范、完整，符合要求	40	
粒度、溶化性	符合要求	15	
重量差异	符合要求	15	
清　场	器材归位，场地清洁	10	
实训结论	结果准确、完整	10	
实训报告	字迹清晰，书写整齐，内容完整	10	
合　计		100	

实训六　甘油栓的制备及质量检查

实训目的

掌握热熔法制备栓剂的基本操作步骤。

实训原理

1. 制备工艺

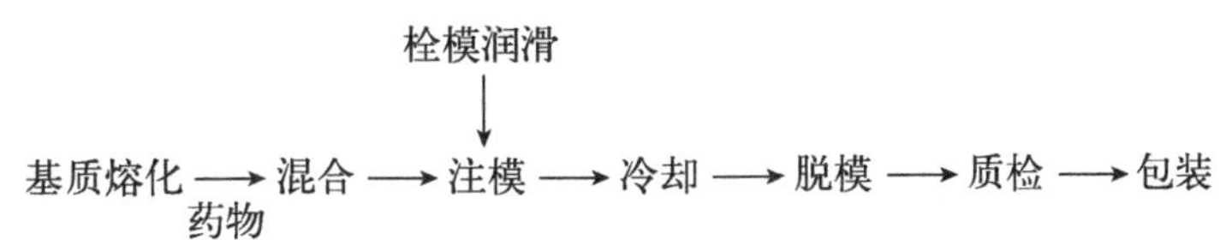

2. 制备要点

（1）基质熔化。将基质用水浴或蒸汽浴加热熔化（温度不宜过高）。

（2）混合。在熔融的基质中加入药物混合均匀。

（3）栓模润滑、注模。为了能易于脱模，常需对栓模（图 2－6－1）进行润滑。将混合好的药物与基质注入涂有润滑剂的栓模中。

（4）冷却、脱模。待药物完全冷却凝固后，除去栓模外溢出的药物，打开栓模，取出药物。

（5）质检、包装。检查栓剂外观、装量差异等，然后进行包装。

实训药品、器材

1. 药品　甘油、干燥碳酸钠、硬脂酸、纯化水、液状石蜡。

2. 器材　天平、量筒、蒸发皿、栓模、水浴锅（图 2－6－2）、玻璃棒、小刀。

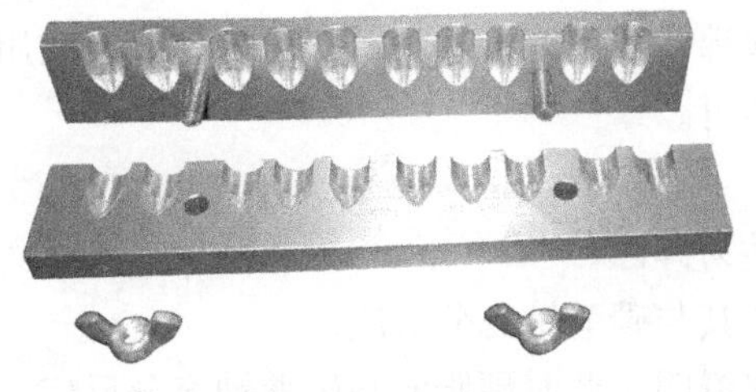

图 2－6－1　栓模

图 2－6－2　水浴锅

知识链接

（1）栓剂按其作用可分为两种：一种是在腔道内起局部作用；另一种是由腔道吸收至血液在全身起作用。栓剂的制备和作用的发挥，均与基质有密切的关系。因此，选用的基质必须符合各项质量要求，以便制成合格的栓剂。

（2）采用模制成型法（热熔法）。制备栓剂时，需用栓模，在使用前应将栓模洗净、擦干，再用棉签蘸润滑剂少许，涂布于栓模内，注模时应稍溢出模孔，若含有不溶性药物应随搅随注，以免药物沉积于模孔底部，放冷后再切去溢出部分，使栓剂底部平整；取出栓剂时，应自基部推出，如有多余的润滑剂，可用滤纸吸去。

（3）水溶性基质。

甘油明胶：水、明胶、甘油三者按一定的比例（10∶20∶70）在水浴上加热融和，蒸去大部分水，放冷后凝固而成。甘油明胶有弹性，不易折断，体温下不溶化，但能软化并缓慢地溶于分泌液中，可使药效缓慢、持久，但易滋长霉菌等微生物，需加抑菌剂。

聚乙二醇（PEG）类：本类基质随乙二醇聚合度、相对分子质量不同，物理性状也不一样，随相对分子质量增加从液体逐渐过渡到半固体、固体，熔点也随之升高。不同相对分子质量的 PEG，以一定比例混合可制成适当硬度的栓剂基质。聚乙二醇栓剂无生理作用，体温下不溶化，但能缓缓溶于体液中而释放药物；吸湿性较强，对黏膜有一定刺激性，加入约 20%的水，可减轻刺激性；受潮后易变形，应注意防潮，贮存于干燥处。

聚氧乙烯单硬脂酸酯类：系聚乙二醇的单硬脂酸酯和二硬脂酸酯的混合物，含有游离乙二醇，呈白色至微黄色，无臭或稍具脂肪臭味的蜡状固体，熔点为 39～45 ℃，可溶于水、乙醇、丙醇等，不溶于液状石蜡。它还可以与 PEG 混合应用，制得崩解释放均较好且性质较稳定的栓剂。

泊洛沙姆：系聚氧乙烯、聚氧丙烯的嵌段聚合物，随聚合度增大，物态从液体、半固体至蜡状固体，易溶于水，可用作栓剂基质。

（4）栓模内所涂润滑剂：脂肪性基质多用肥皂酊，水溶性基质多用液状石蜡、麻油等。栓剂制成后，分别用药品包装纸包裹，置于玻璃瓶或纸盒内，在 25 ℃以下贮藏。

实训操作

【处方】甘油 16 g、干燥碳酸钠 0.4 g、硬脂酸 1.6 g、纯化水 2 mL，共制成 6 枚。

【制法】在蒸发皿中加入处方量的干燥碳酸钠、纯化水及甘油，置于水浴上加热搅匀，缓缓加入硬脂酸细粉，随加随搅拌，待泡沸停止，溶液澄明，即可将其加入已用液状石蜡润滑剂处理过的栓模中，放冷，起模，即可。

【注意事项】

（1）水分的含量不宜过多，否则成品易浑浊。

（2）硬脂酸细粉要少量分次加入，使其与碳酸钠充分反应。

（3）注模前一定要等泡沸停止，溶液澄明，此时硬脂酸与碳酸钠充分反应，生成硬脂酸钠作基质，同时将产生的二氧化碳除尽，否则成品内有气泡。

（4）本品是以亲水的硬脂酸钠作基质，所以栓模上涂液状石蜡作为润滑剂。

（5）栓模可适当预热至 80 ℃，防止注模后栓剂冷却过快。

（6）欲求外观透明，皂化必须完全（水浴上需 1～2 h），加酸搅拌速度不宜太快，以免搅入气泡。

【质量检查】

1. 外观性状 外观光滑、整洁，色泽均匀。

2. 重量差异 取栓剂 10 粒，精密称定总重，再分别称定每粒重量，按照表 2-6-1 中所示与平均重量比较，超出重量差异限度的药栓不得多于 1 粒，并不得有超出重量差异限度 1 倍者。

表 2-6-1 栓剂重量差异限度

平均重量	重量差异限度/%
1.0 g 及 1.0 g 以下	±10.0
1.0 g 以上至 0.3 g	±7.5
0.3 g 以上	±5.0

3. 质量检查样表 外观性状检查见表 2-6-2，重量差异检查见表 2-6-3。

表 2-6-2 外观性状检查

品名： 规格： 批号：	
检查项目	外观性状
检查结果	

表 2-6-3 重量差异检查

品名： 规格： 批号：										
标量________	重量差异限度________%			合格范围________			不得有 1 粒超过________			
栓剂编号	1	2	3	4	5	6	7	8	9	10
重量										
是否合格										

实训考核

栓剂制备实训考核如表 2-6-4 所示。

表 2-6-4 栓剂制备实训考核

项　目	考核要求	分　值	得　分
实操过程	规范、完整，符合要求	40	
外观性状	符合要求	15	
重量差异	符合要求	15	
清　场	器材归位，场地清洁	10	
实训结论	结果准确、完整	10	
实训报告	字迹清晰，书写整齐，内容完整	10	
合　计		100	

实训七　丸剂的制备及质量检查

实训目的

会用塑制法制备丸剂。

实训原理

1. 制备工艺

物料准备→制丸块→制丸条→分割→搓圆→干燥→整理→质检→包装

2. 制备要点

(1) 物料准备。原辅料的准备除另有规定外，饮片原料需经粉碎并通过五号或六号筛(80～100 目筛)。所用的辅料主要是黏合剂，按适当方法加以处理，备用。

(2) 制丸块。将混匀的饮片粉末（或加有辅料）放入捏合机中，加入黏合剂（如炼蜜）研磨，制成不黏手、不黏器壁、不松散、湿度适宜的可塑性丸块。

(3) 制丸条、分割、搓圆。用制丸机将丸块挤出成条，要求粗细均匀，表面光滑无裂缝，内面充实无空隙。手工制丸可用搓丸板切割并搓圆成型。

(4) 干燥、整理。根据丸剂性质选择不同温度、不同方法进行干燥。一般丸剂可在 80 ℃以下干燥。

(5) 质检、包装。丸剂做外观、水分、重量差异等检查后进行包装。

实训药品、器材

1. 药品　玉米淀粉、灵芝粉、纯化水等。

2. 器材　药筛、喷雾器、制丸机（图 2-7-1)、毛刷、电磁炉、包衣锅。

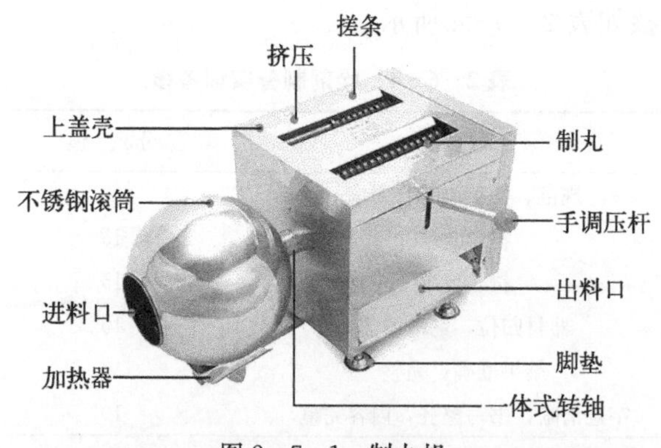

图 2-7-1　制丸机

知识链接

（1）中药丸剂，俗称丸药，是指药材细粉或药材提取物加适宜的黏合剂或其他辅料制成的球形或类球形制剂，主要供内服。丸剂按辅料不同分为蜜丸、水蜜丸、水丸、糊丸、浓缩丸、蜡丸等；按制法不同分为泛制丸、塑制丸及滴制丸。中药丸剂的主体由药材粉末组成。为了便于成型，常加入润湿剂、黏合剂、吸收剂等辅料。此外，辅料还可控制溶散时限，影响药效。中药丸剂常用搓丸法或泛丸法制备。

（2）为避免丸块、丸条黏着搓条、搓丸工具及双手，操作前可在工具和手掌上涂擦少量润滑油。

实训操作

【处方】玉米淀粉 200 g、灵芝粉 200 g、纯化水适量。

【制法】取适量生粉加少量水溶解，倒入锅中，熬煮成糊状，将生粉浆加入灵芝粉末中和成团状。将药团按压成片状，放入制丸机中利用压片功能进行压片，然后将药片放入制丸机中利用切条功能切割成条状，再将药条放入制丸机中利用制丸功能进行制丸，最后将制得的药丸放入包衣锅中进行包衣滚圆，包衣滚圆过程中，喷入适当的糖水即可。

【注意事项】

（1）生粉浆的量要合适，药团不能太软，也不能太硬。

（2）包衣滚圆过程中，喷入的糖水要适当，防止药丸粘连。

【质量检查】

1. 外观形状　外观圆整，大小、色泽均匀，无粘连现象。

2. 重量差异　以 10 粒丸为 1 份，取水丸 10 份，分别称定重量，按照表 2－7－1 中所示与平均重量相比较，超出重量差异限度的不得多于 2 份，并不得有 1 份超过重量差异限度 1 倍者。

表 2－7－1　丸剂重量差异限度

平均重量	重量差异限度/%
0.05 g 及 0.05 g 以下	±12
0.05 g 以上至 0.1 g	±11
0.1 g 以上至 0.3 g	±10
0.3 g 以上至 1.5 g	±9
1.5 g 以上至 3.0 g	±8
3.0 g 以上至 6.0 g	±7
6.0 g 以上至 9.0 g	±6
9.0 g 以上	±5

3. 质量检查样表　外观性状检查见表 2－7－2，重量差异检查见表 2－7－3。

表 2-7-2　外观性状检查

品名：　　　　规格：　　　　批号：	
检查项目	外观性状
检查结果	

表 2-7-3　重量差异检查

品名：　　　　规格：　　　　批号：										
标量________	重量差异限度________%			合格范围________			不得有1份超过________			
丸剂编号	1	2	3	4	5	6	7	8	9	10
重量										
是否合格										

实训考核

丸剂制备实训考核如表 2-7-4 所示。

表 2-7-4　丸剂制备实训考核

项　目	考核要求	分　值	得　分
实操过程	规范、完整，符合要求	40	
外观性状	符合要求	15	
重量差异	符合要求	15	
清　场	器材归位，场地清洁	10	
实训结论	结果准确、完整	10	
实训报告	字迹清晰，书写整齐，内容完整	10	
合　计		100	

项目三

常见药用菌制剂制备综合实训

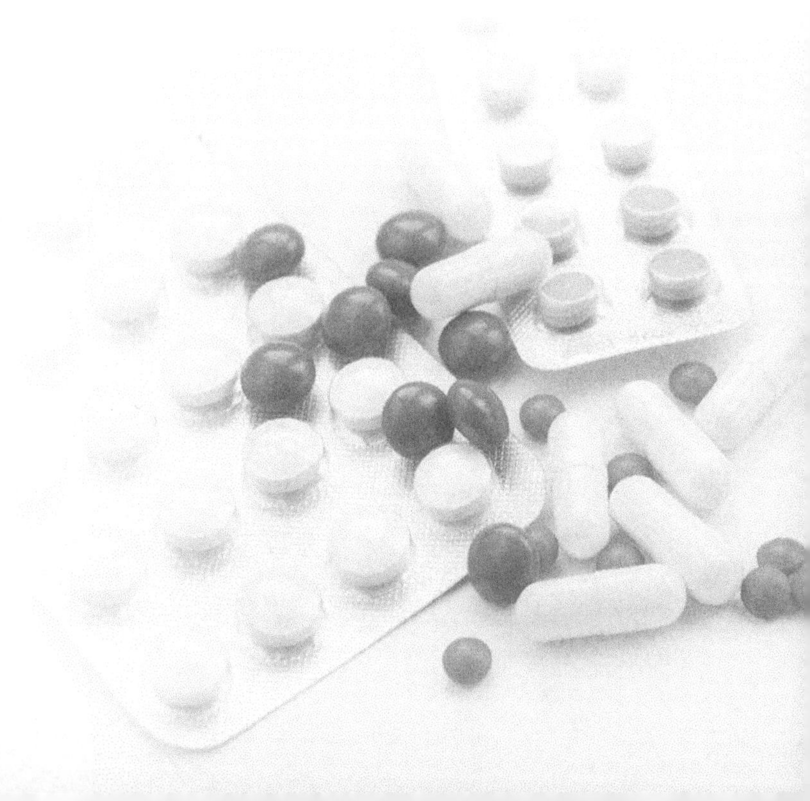

实训一　灵芝散剂的制备和质量检查

实训目的

1. 能制备灵芝散剂。
2. 会进行散剂质量检查。

实训原理

灵芝经粉碎过筛，制备成粒度合适的灵芝粉，再与过 100 目玉米淀粉按 1∶1 的比例混合均匀，即可制成灵芝散剂。

实训药品、器材

1. 药品　灵芝、玉米淀粉。
2. 器材　粉碎机、振动式过筛机、干燥箱等。

实训操作

【处方】灵芝 500 g，玉米淀粉 500 g。

【制法】取 500 g 灵芝鲜品，切片，然后放置于干燥箱中干燥，经膨化后放入粉碎机中进行粉碎，粉碎后的灵芝粉用振动式过筛机进行过筛，将粒度符合 100 目筛的灵芝粉和玉米淀粉混合均匀，即可。将制备好的灵芝散剂置于常压干燥箱中，干燥温度 60 ℃，干燥 5 min，过筛，即得干燥散剂。

【质量检查】

1. 外观均匀度　取适量散剂置于光滑纸上，平铺约 5 cm^2，将其压平，在明亮处观察，应呈现均匀的色泽，无花纹、色斑。

2. 粒度　取供试品 10 g，过 100 目药筛，过筛粉量不得少于总量的 95%。

3. 质量检查样表　外观、粒度检查见表 3-1-1。

表 3-1-1　外观、粒度检查

品名：	规格：	批号：
检查项目	外观均匀度	粒度
检查结果		

实训考核

散剂制备实训考核如表 3-1-2 所示。

表 3-1-2　散剂制备实训考核

项　目	考核要求	分　值	得　分
实操过程	规范、完整，符合要求	40	
外观均匀度	符合要求	15	
粒　度	符合要求	15	
清　场	器材归位，场地清洁	10	
实训结论	结果准确、完整	10	
实训报告	字迹清晰，书写整齐，内容完整	10	
合　计		100	

实训二　灵芝颗粒剂的制备和质量检查

实训目的

1. 能制备灵芝颗粒剂。
2. 会进行灵芝颗粒剂的质量检查。

实训原理

100 目灵芝粉与 100 目玉米淀粉混合，用湿法制粒的方法制备颗粒剂。

实训药品、器材

1. 药品　灵芝混合粉（灵芝粉与玉米淀粉的混合粉末）。

2. 器材　药筛、摇摆式制粒机、干燥箱、托盘。

实训操作

【处方】灵芝混合粉 200 g。

【制法】取适量的灵芝混合粉，加适量水制成软材，制得的软材放入摇摆式制粒机中制粒，湿颗粒放入托盘，放入干燥箱中干燥。干燥颗粒过筛、整粒、包装即得。

【质量检查】

1. 粒度　取灵芝颗粒剂 5 包，不能通过一号筛和能通过五号筛的总和不得超过总量的 15%。

2. 溶化性　取灵芝颗粒剂 10 g，加热水 200 mL，搅拌 5 min，立即观察，可溶性颗粒应全部溶化或轻微浑浊。

3. 质量检查样表　粒度及溶化性检查见表 3-2-1。

表 3-2-1　粒度及溶化性检查

品名：	规格：	批号：
检查项目	粒度	溶化性
检查结果		

实训考核

颗粒剂制备实训考核如表 3-2-2 所示。

表 3-2-2 颗粒剂制备实训考核

项 目	考核要求	分 值	得 分
实操过程	规范、完整，符合要求	40	
粒 度	符合要求	15	
溶化性	符合要求	15	
清 场	器材归位，场地清洁	10	
实训结论	结果准确、完整	10	
实训报告	字迹清晰，书写整齐，内容完整	10	
合 计		100	

实训三　灵芝胶囊剂的制备和质量检查

实训目的

1. 掌握灵芝胶囊剂的制备过程。
2. 掌握灵芝胶囊剂的装量差异检查操作。

实训原理

手工或胶囊填充板灌装灵芝胶囊。

实训药品、器材

1. 药品　灵芝混合粉、0号空胶囊。

2. 器材　天平、胶囊填充板。

实训操作

【处方】 灵芝粉150 g，共制100粒。

【制法】 胶囊填充板操作：将胶囊填充板的排列盘放置于帽板或体板上，放上适量囊帽或囊体，来回倾斜轻轻筛动，待胶囊帽或囊体落满后，倾出多余胶囊；将适量的灵芝粉倒在装满囊体的体板上，用刮粉板来回刮动，然后刮净多余灵芝粉，同法操作数次，并多次用压粉板将粉末压入囊体中，直至胶囊被装至规定重量；将中间板扣在装满囊帽的帽板上，然后将其翻转扣在装好药粉的体板上，水平轻轻下压扣合在一起即可。

【注意事项】 填充过程中，所使压力应均匀，确保每粒胶囊的装量准确；利用压粉板压粉时，力度不能过大，否则会导致囊体破裂；胶囊填充完毕，为使填充好的胶囊外观光亮，可喷少许液状石蜡轻轻滚搓，并擦去外表面黏附的药粉。

【质量检查】

1. 外观　胶囊剂应整洁，无黏结、变形或破裂现象，并应无异味。

2. 装量差异　取胶囊剂20粒，分别精密称定重量，倾出内容物，硬胶囊囊壳用小刷或其他适宜的用具刷干净，再分别精密称定囊壳重量，求出每粒内容物的装量与平均装量。按照表3-3-1中所示，每粒装量与平均装量相比较，超出装量差异限度的不得多于2粒，并不得有1粒超出限度的1倍。

表3-3-1　胶囊剂装量差异限度

平均装量	装量差异限度/%
0.3 g以下	±10
0.3 g及0.3 g以上	±7.5（中药±10）

3. 质量检查样表 外观检查见表3-3-2，装量差异限度检查见表3-3-3。

表3-3-2 外观检查

品名： 规格： 批号：	
检查项目	外观
检查结果	

表3-3-3 装量差异限度检查

品名： 规格： 批号：										
标量________	装量差异限度________%			合格范围________			不得有1粒超过________			
胶囊剂编号	1	2	3	4	5	6	7	8	9	10
囊重										
是否合格										
胶囊剂编号	11	12	13	14	15	16	17	18	19	20
囊重										
是否合格										

实训考核

胶囊剂制备实训考核如表3-3-4所示。

表3-3-4 胶囊剂制备实训考核

项　目	考核要求	分　值	得　分
实操过程	规范、完整，符合要求	40	
外　观	符合要求	15	
装量差异	符合要求	15	
清　场	器材归位，场地清洁	10	
实训结论	结果准确、完整	10	
实训报告	字迹清晰，书写整齐，内容完整	10	
合　计		100	

实训四　灵芝片剂的制备和质量检查

实训目的

1. 能制备灵芝片剂。
2. 会进行灵芝片剂的质量检查。

实训原理

灵芝粉添加辅料（淀粉和硬脂酸镁）混合，用压片机压片成型。

实训药品、器材

1. 药品　灵芝混合粉、硬脂酸镁。

2. 器材　单冲压片机、摇摆式制粒机、尼龙筛、烘箱、片剂脆碎度检查仪。

实训内容

【处方】灵芝混合粉 500 g，硬脂酸镁适量。

【制法】取处方量的灵芝混合粉，加适量水制成软材，将制得的软材放入摇摆式制粒机中制粒，干燥整粒后加入适量硬脂酸镁，再放入到单冲压片机中压片。

【质量检查】

1. 外观性状　表面完整光洁，色泽均匀，字迹清晰，无杂色斑点和异物，包衣片中畸形量不得超过总量的 0.3%。

2. 脆碎度　脆碎度是指片剂经过振荡、碰撞而引起的破碎程度。脆碎度测定是《中国药典》规定的检查非包衣片的脆碎情况及其物理强度的项目。测定片剂脆碎度的仪器是片剂脆碎度检查仪。一般要求 1 h 的脆碎度不得超过 0.8%。

3. 重量差异　取 20 片药片，精密称定总重量，求得平均片重，再分别精密称定各片重量，按照表 3-4-1 中所示与平均片重相比较，超过重量差异限度的药片不得多于 2 片，并不得有 1 片超出 1 倍。

表 3-4-1　片剂重量差异限度

平均重量	重量差异限度/%
0.3 g 以下	±7.5
0.3 g 及 0.3 g 以上	±5.0

4. 质量检查样表　外观、脆碎度检查见表 3-4-2，重量差异检查见表 3-4-3。

表 3-4-2　外观、脆碎度检查

品名：	规格：	批号：
检查项目	外观性状	脆碎度
检查结果		

表 3-4-3　重量差异检查

品名：	规格：			批号：					
标量________	重量差异限度________%			合格范围________			不得有 1 片超过________			
片剂编号	1	2	3	4	5	6	7	8	9	10
片重										
是否合格										
片剂编号	11	12	13	14	15	16	17	18	19	20
片重										
是否合格										

实训考核

片剂制备实训考核如表 3-4-4 所示。

表 3-4-4　片剂制备实训考核

项　目	考核要求	分　值	得　分
实操过程	规范、完整，符合要求	40	
粒度、溶化性	符合要求	15	
重量差异	符合要求	15	
清　场	器材归位，场地清洁	10	
实训结论	结果准确、完整	10	
实训报告	字迹清晰，书写整齐，内容完整	10	
合　计		100	

附录　常见仪器的使用方法

一、切片机

（一）切片机

切片机是切制薄而均匀组织片的机械，组织用坚硬的石蜡或其他物质支持，每切一次便借助切片厚度器自动向前（向刀的方向）推进所需距离，厚度器的梯度通常为 1 μm。切制石蜡包埋的组织时，由于与前一张切片的蜡边黏着，因而制成多张切片的切片条。

（二）调节方法

先松开固紧铜柱螺母，再转动螺母调节铜柱上的厚薄方向，厚薄调好后，必须把螺母与铜柱拧紧。如果刀盘与刀片平行，切勿开机。刀盘必须低于刀片，才可开机截切。更换刀片时将六角把手插入该机侧面孔位，转动至可以调盘方向后再换刀，换刀时松掉刀片的两只六角螺丝，插入刀片更换即可。

（三）注意事项

刀片常擦油，以免黏垢，如出现食品留尾与细碎片，表示软化不妥或刀片不锐利，必须更换刀片或磨刀。调得太薄，尚不好截切。切片黏性食物，表面带水截切。

二、干燥器

（一）干燥器操作方法

1. 指示灯　“RUN/AT”指示灯：运行时此灯点亮，运行结束时熄灭，自整定时此灯闪烁。“OUT”指示灯：有加热输出时此灯点亮，反之熄灭。“ALM”指示灯：超温报警时此灯点亮，反之熄灭。

2. 操作方法　控制器通电，显示窗上排显示“分度号（P，C，K，S)”，下排显示“量程值”约 3 s 后进入正常显示状态。点击“设定”键，进入温度设定状态，显示窗下排显示提示符“SP”，上排显示温度设定值（先个位值闪烁），可通过移位键、增加键、减小键修改到所需的设定值，再点击“设定”键、进入恒温时间设定状态，显示窗下排显示提示符“St”。上排显示恒温时间设定值（先个位值闪烁），可通过移位键、增加键、减小键修改到所需的设定值，再点击“设定”键，退出此设定状态，修改的设定值自动保存。

（二）使用方法

打开箱门，将所加热物品放置于箱内的隔板上，关好箱门，将控制面板上的排气调节阀开到一半（加热过程中可随时调整）；接通电源，注意将电源插座的接地端可靠接地；打开电源开关，电源指示灯亮起，仪器开始工作，温控仪表开始显示工作温度；根据需要设定加热温度；工作完毕，关闭电源开关。

（三）注意事项

被加热物品相对湿度不得大于85%；被加热物品所占面积不得大于隔板面积的70%；不得加热易燃、易爆、腐蚀性物品，以及加热后释放易燃、易爆、腐蚀性、挥发性物质的物品。

三、粉碎机

（一）使用方法

（1）打开粉碎室上盖，将粉碎物装入粉碎室内，然后将上盖拧好。

（2）接通电源，检查仪器是否放平，然后打开开关，仪器正常工作（会发出滚动的声响），仪器工作1～3 min（一般物料在1～3 min可粉碎成细末）后请关闭开关。

（3）打开上盖，松动锁紧手柄，将粉碎物倒出、过筛，如果细度达不到使用要求，应重新粉碎。

（二）注意事项

（1）接通与本设备要求相一致的电源；粉碎物一次投入量勿超过粉碎室容量的1/2；粉碎时间每次应小于3 min，间歇3 min，再继续使用；粉碎物必须保持干燥；开机时，若粉碎物卡住刀片，会使仪器不能正常转动，并发出嗡嗡的声音，应立即关闭电源，防止仪器烧坏，然后取出卡机粉碎物，重新开机；当碳刷与刀片磨损严重时，要及时更换碳刷与刀片。

（2）更换碳刷、刀片时应注意切断电源并上紧螺丝，随时检查各部件是否松动；粉碎室上盖打开时应注意切断电源，严禁开盖启动。

四、振动筛

（一）注意事项

在工作前应检查振动筛的紧固件、连接件、振动轮、拉簧等有无松动及裂纹，电气保护线应完好；振动筛投料要均匀，如果一次性喂料过多，物料在筛面上的运动就会变得不正常，发生异常就会使筛网变得松弛，物料的处理量也会下降得厉害，还会使电机负荷猛地加大，对电机造成实质性的损坏。如果投料过少，远远没达到振动筛的处理能力，不仅浪费设备资源，产量也大大降低；振动筛筛分对设备造成一定强度冲击力的物料时，需用缓冲料斗，物料直接大力冲击筛面，会耗费掉不少激振力，从而影响最后的产量和对物料筛分、过滤的质量；振动筛筛分有腐蚀性的物料以后，切记要第一时间把设备清理干净；自动振动筛工作时要经常观察筛网是不是变松，若发现松动，必须立即上紧。

（二）日常保养

启动前检查粗网及细网有无破损，每一组束环是否锁紧；启动时注意有无异常杂音，电流是否稳定，振动有无异状；振动筛每次使用完毕立即清理干净；定期检查粗网、细网和弹簧有无疲劳及破损，机身各部位是否因振动而产生损坏，需添加润滑油的部位必须加油润滑。

五、单冲压片机

（一）单冲压片机主要部件

1. 冲模　包括上、下冲头及模圈。上、下冲头一般为圆形，有凹冲头与平面冲头，还有三角形、椭圆形等异型冲头。

2. 加料斗　用于贮存颗粒，以不断补充颗粒，便于连续压片。

3. 饲料器　用于将颗料填满模孔，将下冲头顶出的片剂拨入收集器中。

4. 出片调节器（上调节器）　用于调节下冲头上升的高度。

5. 片重调节器（下调节器）　用于调节下冲头下降的深度，调节片重。

6. 压力调节器　可使上冲头上下移动，用以调节压力的大小，调节片剂的硬度。

7. 冲模台板　用于固定模圈。

（二）单冲压片机的装卸方法

（1）装好下冲头，旋紧固定螺丝，旋转片重调节器，使下冲头在较低的部位。

（2）将模圈装入冲模平台，旋紧固定螺丝，然后小心地将模板装在机座上，注意不要损坏下冲头。调节出片调节器，使下冲头上升到恰好与模圈齐平。

（3）装上冲头并旋紧固定螺丝，转动压力调节器，使上冲头处在压力较低的部位，用手缓慢地转动压片机的转轮，使上冲头逐渐下降，观察其是否在冲模的中心位置，如果不在中心位置，应上升上冲头，稍微转动平台固定螺丝，移动平台位置直至上冲头恰好在冲模的中心位置，旋紧平台固定螺丝。

（4）装好饲料器、加料斗，用手转动压片机转轮，如上下冲移动自如，则安装正确。

（5）压片机的拆卸与安装顺序相反，拆卸顺序：加料斗→饲料器→上冲→冲模平台→下冲。

（三）单冲压片机的使用方法

（1）单冲压片机安装完毕，加入颗粒，用手摇动转轮，试压数片，称其片重，调节片重调节器，使压出的片重与设计片重相等，同时调节压力调节器，使压出的片剂有一定的硬度。调节适当后，开动电动机进行试压，检查片重、硬度、崩解时限等，达到要求后方可正式压片。

（2）压片过程应经常检查片重、硬度等，发现异常，应立即停机进行调整。

参 考 文 献

郭常文，刘桂丽，2020. 药物制剂技术［M］. 3 版 . 北京：中国医药科技出版社 .
缪立德，刘生肸，2016. 药物制剂技术［M］. 2 版 . 北京：中国医药科技出版社 .

图书在版编目（CIP）数据

药物制剂技术实训手册 / 王菊甜主编．—北京：中国农业出版社，2023.2

ISBN 978－7－109－30349－2

Ⅰ.①药… Ⅱ.①王… Ⅲ.①药物－制剂－技术－医学院校－教学参考资料 Ⅳ.①TQ460.6

中国国家版本馆 CIP 数据核字（2023）第 015234 号

中国农业出版社出版
地址：北京市朝阳区麦子店街 18 号楼
邮编：100125
责任编辑：彭振雪　　文字编辑：徐志平
版式设计：书雅文化　　责任校对：吴丽婷
印刷：北京科印技术咨询服务有限公司
版次：2023 年 2 月第 1 版
印次：2023 年 2 月北京第 1 次印刷
发行：新华书店北京发行所
开本：787mm×1092mm　1/16
印张：4.25
字数：100 千字
定价：18.00 元
